Bibliografische Information der Deutschen Nationalbibliothek:

Die Deutsche Bibliothek verzeichnet diese Publikation in der Deutschen Nationalbibliografie; detaillierte bibliografische Daten sind im Internet über http://dnb.d-nb.de/ abrufbar.

Impressum:

Copyright © 2009 GRIN Verlag, Open Publishing GmbH
Druck und Bindung: Books on Demand GmbH, Norderstedt Germany
ISBN: 9783640668892

Dieses Buch bei GRIN:

http://www.grin.com/de/e-book/154180/auswirkungen-forstlicher-nutzung-tropischer-regenwaelder

Olga Heckmann

Auswirkungen forstlicher Nutzung tropischer Regenwälder

GRIN Verlag

Universität Karlsruhe (TH)

Fakultät für Bauingenieur-, Geo- und Umweltwissenschaften

Institut für Geographie und Geoökologie

Hauptseminar Tropen

Sommersemester 2009

Auswirkungen forstlicher Nutzung tropischer Regenwälder

Olga Heckmann

Karlsruhe, 15.06.2009

Inhaltsverzeichnis

Abbildungsverzeichnis

1. Einleitung

Die tropischen Wälder stellen ein Ökosystem dar, das durch seine einzigartigen Stoffkreisläufe eine enorm hohe Biodiversität aufweisen kann. Sie sind ein wichtiger Standort für den Rohstoff Holz und sie lassen sich in Nutzflächen unterschiedlicher ökonomischer Aktivitäten umwandeln und haben außerdem verschiedene Funktionen für die Umwelt wie z.B. der Klimastabilisierung. Allerdings schließen sich menschliche Aktivität und die Funktionen für die Umwelt gegenseitig oft aus. So gefährdet die Bewirtschaftung der Wälder die Stabilisierung des Klimas und hat noch viele andere Auswirkungen. Die folgende Arbeit beschäftigt sich mit den Auswirkungen forstlicher Nutzung auf die Tropen.

Laut dem forstwirtschaftlichen Lehrbuch ‚Der Forstwirt' (1996) gehört zur forstlichen Nutzung die Walderschließung und Waldwegebau, die Holzernte, die Sortierung und Vermessung des Holzes, die Holzbringung und -lagerung, die forstlichen Nebennutzungen und die Jagdnutzung. Ein weiterer Bereich forstlichen Handelns ist die biologische Produktion zu welcher folgende Bereiche dazugezählt werden: die Begründung von Waldbeständen, Schützen von Waldbeständen, Pflegen von Waldbeständen und der Naturschutz und Landschaftspflege.

Um die Auswirkungen der forstlichen Nutzung auf die Tropen zu verstehen, ist es notwendig, Einblicke in das Vorgehen der forstwirtschaftlichen Bewirtschaftung der tropischen Wälder zu haben. Einige dieser waldbaulichen Maßnahmen bilden nach den geschichtlichen Ausführungen, den Schwerpunkt im dritten Teil dieser Arbeit. Der vierte Teil beschäftigt sich mit den Auswirkungen der forstlichen Nutzung. Auswirkungen der Rodungen werden aufgrund ihres direkten Bezuges zur Landwirtschaft in der vorliegenden Arbeit nicht behandelt, obwohl sie sich teilweise mit denen des Holzeinschlages decken. Als letzter Punkt werden Lösungsmöglichkeiten vorgestellt.

2. Geschichte der forstlichen Nutzung

Mit dem fleischroten Holz des Khaya-Mahagoni begann die westafrikanische Tropenholzgeschichte. Ursprünglich wurden diese Bäume nur in unmittelbarer Nähe größerer Flüsse geschlagen, auf denen sie gut zur Küste geflößt werden konnten. Erst der Straßentransport machte die großflächige Erschließung möglich.

Neben den ersten Exporten von Kopalharzen, wild gesammeltem Rohgummi, Kaffee und vor allem Palmöl gab es in Ghana um 1800 bereits eine Holzindustrie, die aber an technischen Schwierigkeiten scheiterte. Ein Problem waren unter anderem die politischen Schranken, die es nicht erlaubten, das Holz auf größeren Flüssen zu flößen. Ein erster Export von Tropenholz fand erst 1887 statt, als die Briten den größten Teil von Südghana kontrollierten. Bereits sieben Jahre später erreichte der Tropenholzexport ca. 285 m³. Die Kolonialregierung begann Holzkonzessionen an europäische Investoren zu vergeben. Die Bemühungen um eine geregelte forstwirtschaftliche Nutzung der tropischen Wälder waren gering. Im Jahre 1913 stiegen die Holzexporte schon auf ca. 85000 m³ und fielen drastisch in den darauf folgenden Krisenjahren. Bis nach dem 2. Weltkrieg in die 50er Jahre hinein war die Nachfrage großen Schwankungen unterworfen und die küstenfernen Regenwälder wurden nicht forstwirtschaftlich genutzt, da sich der Transport der Hölzer technisch als sehr schwierig erwies.

Die Nachfrage in Europa nach Tropenholz und weitete sich auf mehrere Arten aus, nachdem die Mechanisierung die Walderschließung durch schweres Gerät möglich machte. Die Stämme wurden nun mit Raupenfahrzeugen zur Küste transportiert (MARTIN 1989, 14ff.). Die entwaldeten Flächen bzw. der aufgrund ausbeuterischer Methoden zerstörte Regenwald wurden für Kakao-Anbau und vor allem für Ölpalmen-Plantagen benutzt.

Auch nach dem Entlassen in die Unabhängigkeit setzte sich der Holzhandel fort. Insgesamt wurden zwischen 1900 und 1990 des Regenwaldes in Ghana bzw. der früheren britischen Kronkolonie Goldküste rund 90% vernichtet, und zwar von ursprünglich 82.259 km² auf knapp 10.000 km² vor 20 Jahren, von denen heute nur noch ein Restbestand von weniger als 5.000 qkm übrig sein dürfte.

Früher exportierten viele Entwicklungsländer hauptsächlich unverarbeitetes Rundholz, während der Export von Halb- und Fertigwaren wie z.B. Sperr- oder Furnierholz eine untergeordnete Rolle spielte. Dieses Verhältnis begann sich in der jüngsten Vergangenheit umzukehren. Einige Länder, vor allem in Süd-Ost

Asien haben den rechtlichen Rahmen geschaffen, die Ausfuhr von Rohholz zu drosseln. So entwickelt sich neuerdings die holzbe- und verarbeitende Industrie in diesen Ländern (Gesamtwaldbericht der Bundesregierung 2001).

3. Forstliche Nutzung

Die folgende Abbildung 1 zeigt die Verteilung der Entwaldung zwischen den Jahren 2000 und 2005.

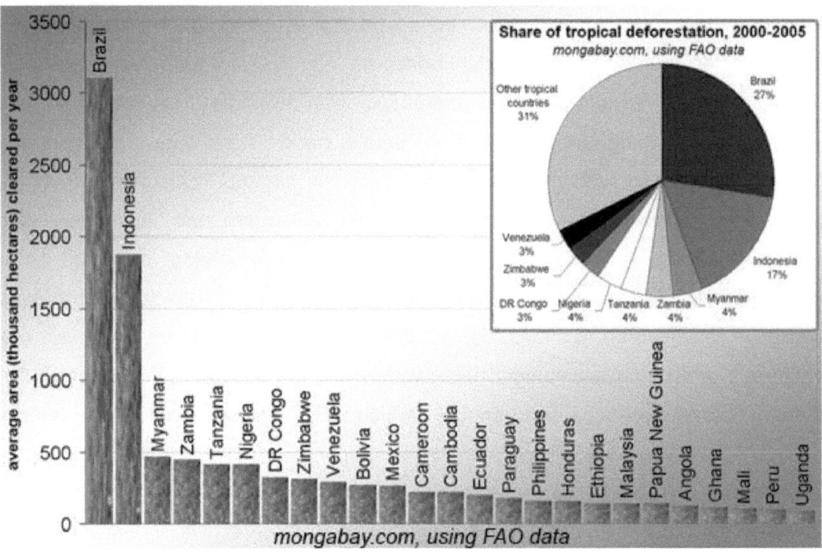

Abb. 1: Entwaldungsrate in den Tropen zwischen 2000 und 2005
(Quelle:http://photos.mongabay.com)

Der hohe Einschlag in den tropischen Ländern Asiens resultiert nicht so sehr aus der großen Waldfläche, sondern vielmehr aus der höheren Einschlagsintensität. Länder mit einer geringeren Waldfläche je Einwohner weisen in der Tendenz höhere Nutzungssätze pro Hektar auf. Die relativ hohe Nutzungsintensität in den tropischen Wäldern Asiens lässt sich auch mit dem geringeren Anteil an Naturwäldern erklären. Knapp 10% der Waldfläche der tropischen Länder Asiens besteht aus künstlich angelegten Wäldern. Der Einschlag pro Hektar Waldfläche für die tropischen Wälder insgesamt liegt mit ca. 1 m³ deutlich unterhalb des möglichen Zuwachses in den tropischen Wäldern. Anders als in den Ländern mit geregelter nachhaltiger

Forstwirtschaft ist in den Tropen Holznutzung jedoch häufig mit Verlust an Waldfläche verbunden (Gesamtwaldbericht der Bundesregierung 2001).

Tropenholz ist seit der Erschließung der Regenwälder sehr begehrt, denn es hat Eigenschaften die, wie man angenommen hat, keine mitteleuropäischen Hölzer haben. Die Nachfrage ist aufgrund fehlender Jahresringe und Astlöcher und wegen der hohen Form- und Witterungsbeständigkeit sehr hoch (BREMER 1999, 327). Heute weiß man, dass Hölzer aus dem Regenwald wie Teak durch heimische Arten mit ähnlichen Eigenschaften wie Robinie ersetzt werden können.

3.1 Verwendung tropischer Hölzer

Für viele Entwicklungsländer ist Tropenholz wirtschaftlich gesehen eine wichtige Ressource, da Holz und Holzprodukte zu den wenigen Angeboten gehören, mit denen diese Länder auf dem internationalen Markt wettbewerbsfähig sind. So stellt der Holzexport eine lebenswichtige Einnahmequelle und vor allem Devisenquelle dar (MANSHARD 1995, 81). Der Holzexport umfasst sowohl Rund- und Schnittholz als auch Furniere und Sperrholz (a.a.O.,83). Furniere sind dünne Holzblätter zwischen 0,5 bis 10 mm. Sie werden durch Sägen, Messern oder Schälen vom Baumstamm abgetrennt. Man leimt sie auf Platten, so dass diese aussehen wie wertvolles Vollholz.

Tropenholz wird z.B. im Hausbau für Bodenbeläge, Fensterrahmen, Türen usw., im Bootsbau oder für die Herstellung von Möbeln verwendet. Die Bauwirtschaft benutzt das Holz aus den Regenwäldern für Stützpfeiler, Buhnen und Tragbalken. Besonders dekorative Hölzer werden bevorzugt von Möbel- und Musikinstrumentenherstellern verarbeitet. Weitere Einsatzbereiche sind Küchenbrettchen, Einwegessstäbchen und vor allem Papier (BROWN [u.a.], 182).

Hauptimporteure für Tropenholz sind wie die Abbildung 2 zeigt, USA, Japan, Europa und mittlerweile auch China (UNEP/GRID-ARRENDAL, 27).

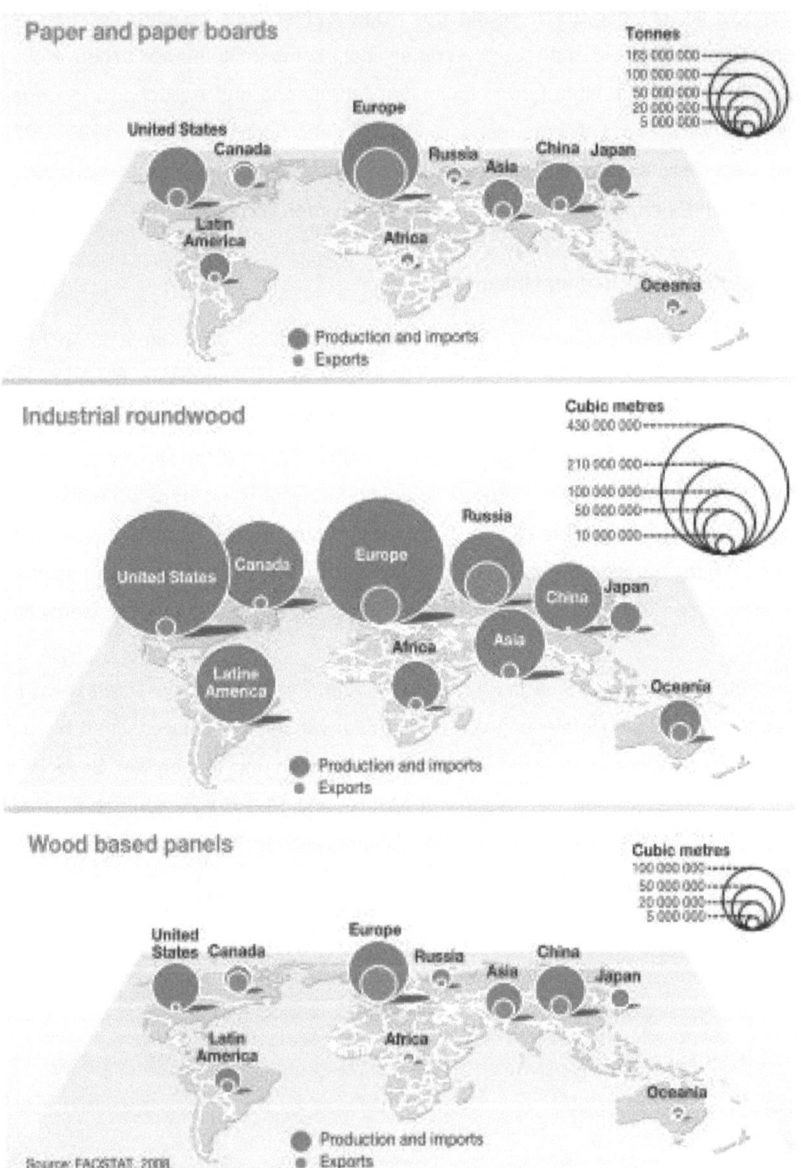

Abb. 2: Exporte und Importe einiger forstwirtschaftlicher Produkte (Quelle: UNEP/GRID-ARRENDAL, 28)

Die großen Klima- und Bodenunterschiede innerhalb der niederen Breiten führen zu einer außerordentlichen Vielfalt an Waldtypen, die sich in Zusammensetzung, Aufbau und wirtschaftlicher Wertigkeit unterscheiden. Folglich sind nicht alle Wälder der tropischen Länder Regenwälder, es gibt z.B. noch Mangrovenwälder, Nebelwälder sowie saisongrüne Wälder wie beispielsweise Savannen und viele andere. Diese werden im Folgenden in die Arbeit miteinbezogen, da z.B. die Mangrovenwälder besonders von Abholzung getroffen sind.

3.2 Waldtypen in den Tropen

Einen groben Überblick der Wälder in den Tropen bietet folgende Charakterisierung nach LAMPRECHT (1986): immergrüne Feuchtwälder, regengrüne Feuchtwälder, regengrüne Trockenwälder, Waldtypen auf Sonderstandorten wie: Mangrove, Sumpf- und Überschwemmungswälder, Heidewälder, Koniferenwälder. Außerdem können Regenwälder nach geographischen Merkmalen wie z.B. Tieflandregenwälder oder Bergregenwälder eingeteilt werden.

Vor allem in Südostasien dominieren in immergrünen Feuchtwäldern Baumarten aus der Familie der *Dipterocarpaseae*. Sie zeichnen sich durch die hohen Starkholzvorräte an marktgängigen Arten, das gute natürliche Verjüngungspotential, ihr beträchtliches Durchsetzungsvermögen und die positive Reaktion auf waldbauliche Eingriffe aus (LAMPRECHT 1986, 52).

Das Holzpotential der regengrünen Feuchtwälder ist besonders hoch. Wertvolle Holzarten kommen in der oberen Schicht vor, wie die afrikanischen Mahagoni-Arten der Gattungen *Entandophragma* und *Khaya* aus der Familie der Meliaceae. Ein besonderes Kennzeichen ist der sehr hohe Baumwuchs von 40 bis 60 m.

Das holzwirtschaftliche Potential der regengrünen Trockenwälder beschränkt sich auf Feuerholz und Baumaterial für Einhegungen. Auch wenn ihre Produktivität aufgrund der Standortbedingungen und anthropogener Einflüsse gering ist, sind sie oft von lebenswichtiger Bedeutung für die einheimische Bevölkerung. Neben der bereits genannten Brennholzversorgung spielen sie vor allem in der Gewinnung von Waldnebenprodukten wie Blätter, Wurzeln usw. aber auch in der menschlichen Ernährung eine wichtige Rolle (a.a.O., 86).

Mangrovenwälder werden wirtschaftlich auf vielfältige Weise genutzt. Sie haben im Vergleich zu anderen Tropenwaldtypen den großen Vorzug, dass sie einheitliche Produkte sowohl hinsichtlich der Holzarten- als auch der Sortimentsverteilung liefern.

Einen besonders hohen Eingriff in den Bestand bewirken die Einschläge zur Gewinnung von Brennholz und zur Herstellung von Holzkohle. Durch die hohe Widerstandskraft gegenüber Termiten und Pilzen wird das Holz auch als Bauholz z.B. für Schwellen und Pfosten genutzt. Außerdem sind Pflanzenteile bestimmter Mangrove-Arten wichtig zur Herstellung von Gerbstoff, Harz und Arzneistoffen (a.a.O., 92).

3.3 Waldbausysteme in den Tropen

Als zu Beginn des Jahrhunderts die Forstverwaltung zentralisiert und trotz Widerstand der indigenen Bevölkerung ein System von staatlichen Waldreservaten eingerichtet wurde, ging man noch davon aus, dass tropische Regenwälder nach dem Muster europäischer Mischwälder nachhaltig bewirtschaftet werden können. Heute fragt man sich, ob eine nachhaltige Nutzung überhaupt möglich ist und wie die Regenwälder bewirtschaftet werden sollen (MARTIN 1989, 189).

Wie im vorangegangenen Abschnitt bereits erläutert, lässt sich Wald in den Tropen in verschiedene Arten unterteilen, die aufgrund unterschiedlicher waldbaulich relevanter Eigenschaften verschiedene waldbauliche Maßnahmen erfordern. Je nach Intensität der Nutzung unterscheidet man zwischen: Primärwäldern, Sekundärwäldern sowie Exploitationswälder und Brandhackbau-Wald-Mosaike. Primärwälder sind Urwälder die in ihrer Ursprungsform frei von menschlicher Einflussnahme sind. Auffallend in Primärwäldern ist ein hohes Artenreichtum und eine damit verbundene geringe Häufigkeit der meisten Arten. Laut Lamprecht entsprechen sie nicht den „an die Wirtschaftswälder zu stellenden ökonomischen Anforderungen" (LAMPRECHT 1986, 111). Das liegt vor allem an der kleinen Anzahl marktfähiger Arten und der Qualität ebendieser. Durch Holzeinschlag sowie durch den Brandrodungs- und Wanderfeldbau und auch durch die Anlage von Plantagen werden die Primärwälder stark reduziert oder verändert. Auf diesen Flächen wachsen Sekundärwälder heran, die sich vom Primärwald in der Wuchshöhe, Schichtung und Artenzusammensetzung unterscheiden. Die Sekundärvegetation besteht aus schnellwüchsigen und kurzlebigen Leichtholzarten von geringerem Nutzwert, da es ihnen an Widerstandsfähigkeit und Härte fehlt.

Bei der Waldart der Exploitationswälder handelt es sich sowohl um Primär- als auch um sekundäre Naturwälder, die durch Ausbeutung von nahezu allen wirtschaftlich interessanten Arten, stark degeneriert sind. Je nach Intensität der Eingriffe bleibt ein auf lange Zeit wirtschaftlich verarmter Naturbestand zurück.

Brandhackbau-Wald-Mosaike entstehen dort, wo die ländliche Bevölkerung den Wald durch Besiedlung in Besitz nimmt und ihn, vor allem durch Brandrodung und Wanderfeldbau, zur Grundversorgung und Umwandlung in landwirtschaftliche Nutzflächen beansprucht. In ihnen bilden Primärwaldreste und Exploitationswald, Sekundärwaldflächen in unterschiedlichen Sukzessionsstadien, sowie aktuell genutzte und wieder brach gefallene Ackerflächen ein unübersichtliches Durcheinander.

Zusammenfassend kann man sagen, dass den tropischen Feuchtwäldern laut Lamprecht (1986, 110f) „die erforderlichen Voraussetzungen zur direkten Übernahme in eine forstliche Nachhaltswirtschaft ganz oder teilweise fehlen" und die Übertragung von Bewirtschaftungssystemen, die in anderen Weltgegenden entwickelt worden waren, auf Tropenwälder unmöglich ist. Das liegt an der besonderen Zusammensetzung, am andersartigen Aufbau, der Dynamik und am Standort der Tropen. „Die „normale" forstliche Betriebsführung kann erst einsetzen, nachdem die Domestizierungsziele erreicht sind" (a.a.O., 110). Alle Verfahren im Waldbau müssen an die örtlichen biologischen Verhältnisse angepasst werden. Eine der wenigen Ausnahmen stellen Wälder dar, die vor der forstlichen Nutzung nicht waldbaulich verändert werden müssen. Das sind z.B. Mangrovenwälder und *Dipterocarpaseae* -Regenwälder aufgrund ihrer größtenteils homogener Bestockung.

Um tropische Feuchtwälder dennoch nachhaltig nutzen zu können, werden bereits seit 150 Jahren immer neue Domestizierungssysteme eingeführt, die eine immer bessere Waldbewirtschaftung zum Ziel haben. Diese Domestizierung stellt eine Umformung oder Umwandlung der bestehenden Bestockung dar und macht einen großen Teil der waldbaulichen Maßnahmen aus. Die Ziele der Domestizierung sind nach Lamprecht: Bildung homogener Bestände bezogen auf Dimension und Altersstrukturen, Verwendung weniger einheitlicher Holzsorten, hoher Anteil an verkäuflichen Arten und Steigerung der Qualität und der Quantität der zukünftigen Produktion.

Welches Waldbausystem Verwendung findet, hängt vom Ausgangsbestand der betreffenden Fläche ab. Dabei wird der Bestand immer nach der wirtschaftlichen Tauglichkeit hin geprüft. Erfüllt der Bestand die Kriterien einer Bewirtschaftung, ist es die Aufgabe, diesen Bestand zu sichern und auch in Zukunft die nachhaltige Produktion zu gewährleisten. Ist der Bestand in der auftretenden Form nicht für eine

Bewirtschaftung geeignet, werden waldbauliche Maßnahmen notwendig. Dabei wird der Bestand in einen Wirtschaftswald überführt oder umgewandelt.

Es gibt eine Vielzahl an möglichen Waldbausystemen, die im Einzelnen jedoch nur auf den Standort begrenzt anwendbar sind. Nachfolgend wird grob eine kleine Auswahl davon skizziert.

3.3.1 MHD (Minimum Haubarkeitsdurchmesser)-System

Bei dem Minimum Haubarkeitsdurchmesser-System werden nur gewinnbringende Hölzer mit einem hoch genug festgelegten Mindestdurchmesser genutzt.

Dabei wird der junge Bestand geschont, wodurch sich die Sicherung der Arten und eine nachhaltige Holzerzeugung erhofft werden. Das kann aber nur erreicht werden, wenn der Mindestdurchmesser hoch genug angesetzt wurde und ausreichend gewinnbringende Bäume eine regelmäßige Verteilung aufweisen. „Im Allgemeinen lässt sich daher weder durch die Festlegung von MHD noch durch die Verpflichtung zu Ersatzpflanzungen eine nachhaltige Erzeugung von wirtschaftlich interessanten Hölzern sichern. Die immer noch weit verbreitete Behauptung, durch Beschränkung der Aushiebe auf stärkere Stämme sei eine dauernde Produktivität sicherzustellen, hemmt die Suche nach tatsächlich wirksamen Problemlösungen. Nicht selten kommt ihr überdies bloße Alibifunktion zu, besonders unter Holzexploiteuren" (LAMPRECHT 1986, 115f).

3.3.2 Überführungssysteme

Das forstliche Überführungssystem zielt in erster Linie darauf, die Artenzusammensetzung des Waldbestandes und den Aufbau in relativ schonender Weise zu verändern bzw. zu vereinheitlichen, bis eine angemessene Nachhaltigkeit und Wirtschaftlichkeit erreicht ist. Es wird von natürlichen Ökosystemen ausgegangen. Dabei soll versucht werden, möglichst naturnahe Wirtschaftswälder zu schaffen. Hierunter fallen Verbesserungssysteme, bei denen nach dem Durchforsten unerwünschte und die Wertholzarten dominierende Bäume vergiftet werden. Auch hier ist die Voraussetzung, dass ein hoher Bestand an jungen Wertbäumen und deren gleichmäßige Verteilung gegeben ist.

„Anreicherungssysteme dagegen reichen je nach Lichtbedarf der kommerziell interessanten Bäume vom Pflanzen in offen gelassenen Schneisen bis hin zum Fällen aller Bäume über 20 cm Stammdurchmesser. Sie werden vor allem dann angewendet wenn im Ausgangsbestand die Anzahl wertvoller Holzarten unzureichend ist" (KUHLMANN 1999, 78).

Als weiteres Überführungssystem nennt Lamprecht 'Überführungen auf dem Verjüngungsweg in Verbindung mit Exploitationen`. Auch wenn keine wertvollen Bäume in der Ausgangsbestockung vorhanden, aber genügend natürlich aufgekommene Jungpflanzen wertvoller Baumarten da sind, so kann die Überführung durch die Förderung und Pflege dieser Bäume erfolgen.

Kritik an den Überführungssystemen wird vor allem geübt aufgrund der unsicheren Erfolge, der hohen Kosten und damit verbundenen kleinen Gewinnen und der langen Dauer, durch welch die Forstdienste überfordert werden. Oft kommt es auch zu Invasionen von SHAG (Shifting agriculture)-Bauern und dadurch zu Waldzerstörung. Einen Nachteil stellt außerdem das Vergiften der unerwünschten Baumarten dar. Dadurch entstehen zwar keine Fällungs- und Räumungskosten, aber die zerfallenden Bäume können Schaden an Nachbarbäumen und am Jungholz anrichten. Außerdem können die Schädlinge aus den vergifteten Bäumen auf die zu bewirtschaftenden übergreifen.

3.3.3 Monozyklische und polyzyklische Systeme

Alle oberhalb erwähnten Methoden lassen sich in zwei Kategorien, nämlich das polyzyklische und das monozyklische System einteilen.

Beim polyzyklischen System werden bestimmte kommerziell nutzbare Baumarten in Umlaufzeiten von bis zu 30 Jahren abgeholzt. Jungpflanzen mit einem Stammesdurchmesser unterhalb eines zuvor festgelegten Wertes werden geschont. Da die Einwirkungen in das Waldökosystem insgesamt gering bleiben, wird dadurch das Wachstum der Klimaxarten gefördert. Klimaxarten sind jene Spezies, deren Samen im Schatten des eigenen, hochgewachsenen Bestandes keimen können. Sie kommen meistens in unberührten Primärwäldern vor und füllen die Hauptkrone eines Regenwaldes. Mit bis zu siebzig Metern werden die Klimaxarten deutlich größer als die Bäume der Sekundärwälder (WHITMORE 1990, 103f).

Beim monozyklischen System werden alle kommerziell nutzbaren Bäume bei einer einziger Aktion auf einmal abgeholzt. Der Abholzungszyklus beträgt etwa 70 Jahre. Dem Wald werden durch diese Systeme größere Schäden zugefügt als beim polyzyklischen Verfahren. Bei der natürlichen Regeneration der Waldlichtungen wird das Wachstum Licht liebender, schnellwüchsiger Leichthölzer begünstigt.

Aus ökologischer und ökonomischer Sicht weist das polyzyklische System im Vergleich zu dem monozyklischen größere Vorteile auf. Durch die punktuelle Abholzung lassen sich Erosionsschäden besser vermeiden, während gleichzeitig kein bedrohlicher Artenrückgang und kein unausgleichbarer Biomasseentzug zu erwarten ist. Durch die Entnahme wertvoller Stämme kann das Ertragsziel schneller erreicht werden und die Umlaufzeit ist überschaubarer und besser planbar. Nachteilig ist jedoch die größere Komplexität der Methode, die zu einem höheren Arbeitsaufwand führt. Vor allem in der Vergangenheit aber auch heutzutage entscheiden sich Holzexploiteure aus Kostengründen für monozyklische Systeme, was einer Waldzerstörung gleich kommt.

Systeme, bei welchen nur vereinzelt Bäume entnommen werden, z.B. nach einem vorher festgelegten Mindestdurchmesser oder nur bestimmte Arten, verallgemeinert man oft unter dem Begriff der selektiven Holznutzung.

3.3.4 Umwandlungssysteme

Bei der Umwandlung wird der ursprüngliche Wald kahl geschlagen, die Reste anschließend brandgerodet und die frisch entleerte Fläche meist durch Kunstbestände bepflanzt. Dieses Verfahren ist allerdings sehr arbeitsaufwendig und teuer. Dabei können die schnellwüchsigen Sekundärarten für die neuen Kulturen als Konkurrenz eine Gefahr darstellen. Die Ergebnisse der Umwandlung sind meist gleichaltrige, einstufige Monokulturen mit fremdländischen Baumarten. Der Waldbau beschränkt sich auf die Baumarten, die Pflanztechnik und vielleicht auf eine schematische Standraumregulierung. Ökologische Aspekte finden bei diesen Systemen kaum Beachtung.

4. Auswirkungen der forstlichen Nutzung

4.1 Auswirkungen auf das Klima

Da bei der Entwaldung den tropischen Regenwälder Biomasse entzogen wird und die Wechselwirkungen zwischen Vegetation und Atmosphäre vor allem im Austausch von Energie und Wasser bestehen, ändern sich damit die Faktoren, wie Albedo und die Evapotranspiration, die diesen Austausch steuern.

Die Albedo, also die von der Erdoberfläche reflektierte kurzwellige Strahlung, ist bei Primärwäldern mit 12% -13% viel geringer als bei Sekundärwäldern mit 13% - 17% und als auf Ackerland mit 17% -25% (GOLDAMMER 1990, 134). Diese Erhöhung der Albedo nach der Entwaldung hängt mit der viel dunkleren Waldoberfläche und deren Struktur zusammen und hat einen direkten Einfluss auf den Strahlenhaushalt:

- Strahlungsabsorption sinkt, Erdoberfläche wird abgekühlt
- die Nettoeinstrahlung der Sonne sinkt, was wiederum eine Abnahme der Nettoenergie-Abgabe der Erdoberfläche an die Atmosphäre nach sich zieht. Das bedeutet, dass der sensible und der latente Wärmefluss zusammen weniger Energie an die Atmosphäre abführen.
- Dadurch werden die mittlere und obere Troposphäre abgekühlt
- Durch die so geringere Konvektion entsteht weniger hochreichende Bewölkung
- Die Folge ist weniger Niederschlag
- Dadurch gibt es noch trockenere Böden und noch größere Albedo mit noch weniger Niederschlag als Folge.

Laut GOLDAMMER (1990, 134) bewirkt ein Anstieg der Albedo um 1% eine Reduzierung des Niederschlages von 2% bis 4%.

4.2 Auswirkungen auf den Wasserkreislauf

In einem intakten Regenwald erreicht immer nur ein Teil des Wassers den Waldboden. Laut Weischet (1990) und anderen Schätzungen nimmt die Vegetation durch ihre Oberfläche zwischen 25% und 50% des Niederschlages auf und gibt sie durch Evapotranspiration wieder in den Wasserkreislauf ab. Der Wald versorgt sich so fast selbständig mit Wasser, nur 25% der Niederschläge werden durch die Passatwinde herangeweht. Die durch Holzentnahme fehlende Vegetation und damit auch die reduzierte Oberflächenbedeckung bewirken, dass bei der sogenannten Evaporation weniger Niederschlagswasser, an der Oberfläche im Blätterdach verdunsten.

Durch die fehlende Vegetation kann ebenfalls kein Wasser durch die Spaltöffnungen verdunsten (Transpiration), das vorher über die Wurzeln aus dem Boden aufgenommen wurde.

Bei eingeschränkter oder gar fehlender Evapotranspiration, aus der sich der latente Wärmefluss ergibt, bewirkt, dass es aufgrund des geringeren Wasserdampfgehaltes weniger Verdunstungskälte gibt und die Temperatur ansteigt. Das zeigt, dass der Wasserkreislauf an die Strahlungsbilanz gebunden ist. Allerdings ist dieser Vorgang sehr komplex und manchmal großen Schwankungen durch Änderung verschiedener Faktoren unterworfen.

Der Großteil des Wassers fließt nach der Entwaldung nun oberflächlich ab und führt zu einem raschen Ansteigen der Flüsse in der Regenzeit und somit zu einer erhöhten Überschwemmungsgefahr. So ist z.B. in entwaldeten Gebieten Perus der Wasserabfluss am Boden 150-mal so hoch wie im intakten Waldgebiet. Flussabwärts wurden die landwirtschaftlichen Erträge durch Überflutungen schwer geschädigt. Außerdem kommen während der Regenzeit Rutschungen und Schlammströme vermehrt nach einer Entwaldung auf (BREMER 1999, 172). Während der Trockenzeit verhält es sich wegen der geringeren Wasserspeicherkapazität der entwaldeten Böden umgekehrt. So führen z.B. im Tai Nationalpark der Elfenbeinküste die Flüsse am Ende der Trockenzeit drei- bis fünfmal so viel Wasser wie Flüsse, die aus dem Gebiet der Kaffeeplantagen kommen. Dieses Wasser spielt bei der Bewässerung der Felder in den Tälern flussabwärts eine entscheidende Rolle.

Folgende Abbildung 4 zeigt grob vereinfacht die Wechselwirkungen der einzelnen Auswirkungen aufeinander.

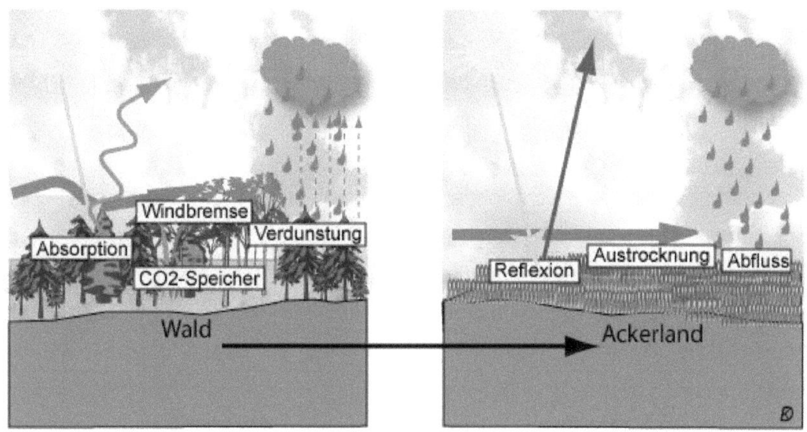

Abb. 3: Wichtige Unterschiede zwischen einer Waldbedeckung und einer Ackerfläche
(Quelle: http://lbs.hh.schule.de/

4.3 Auswirkungen auf den Boden

Die erste Auswirkung auf den Boden ist die Zerstörung der Humusschicht durch die Maschinen während der Holzentnahme, wobei der Boden auch noch verdichtet wird. Wie oben bereits beschrieben, steigt die Bodentemperatur auf entwaldeten Flächen durch die erhöhte Sonneneinstrahlung an. Der Boden trocknet durch fehlende Niederschläge aus und die bereits durch Maschinen der Holzindustrie angegriffene Humusschicht wird aufgrund von höherer Zersetzungsraten und fehlender organischer Substanz durch die Entwaldung, beschädigt. Rund 80% der Nährstoffionen befinden sich in der Vegetationsmasse selbst, so dass der tropische Regenwald sich z.B. durch verrottendes Laub selbst düngt. (OBERNDÖRFER 1990, 230) Durch die Abholzung wird der Nährstoffkreislauf, bei dem die Nährstoffe durch Wurzelpilze im Boden gehalten werden, unterbrochen. Die Mykorrhiza sterben ab. Bedingt durch den stärkeren oberflächlichen Abfluss des Regenwassers kommt es durch den Abtrag des Oberbodens zu einer zunehmenden Nährstoffauswaschung und entsprechender Schwebstofflast der Bäche und Flüsse. Dabei werden feine Tonpartikel fortgeschwemmt und der schwerere Sand bleibt zurück. Schon vergleichsmäßig kleine Niederschlagsereignisse führen laut Scholz (1998) zu Erosion und verstärktem Bodenabtrag. Im Regenwald kommen

Niederschlagsereignisse von bis zu 150 mm/m² nicht selten vor. Je nach übrig gebliebener Vegetation und Hangneigung können so mehr als 1000 Tonnen pro Jahr und Hektar abgetragen werden (KOHLHEPP 1987). Viele Flüsse, die durch tropische Regenwälder fließen, sind wie man gut auf Satellitenbildern erkennen kann, heute schlammig grau-braun verfärbt, während sie in naturbelassenen Gegenden grün-blau aufscheinen. Ebenfalls tragen die höheren Windgeschwindigkeiten zur Bodenerosion bei.

Ungeschützte und schwach geneigte Hänge unterliegen einer schnelleren Bodenerosion. Freigelegte ton- und eisenreiche Horizonte bilden harte Bodenkrusten, die eine Regeneration der ursprünglichen Pflanzen behindern da die Krustenbildung die Sauerstoffversorgung der Wurzeln beeinträchtigt (REHM 1986, 126). Folgende Abbildung setzt die Auswirkungen auf den Boden und auf den Wasserhaushalt miteinander in Beziehung.

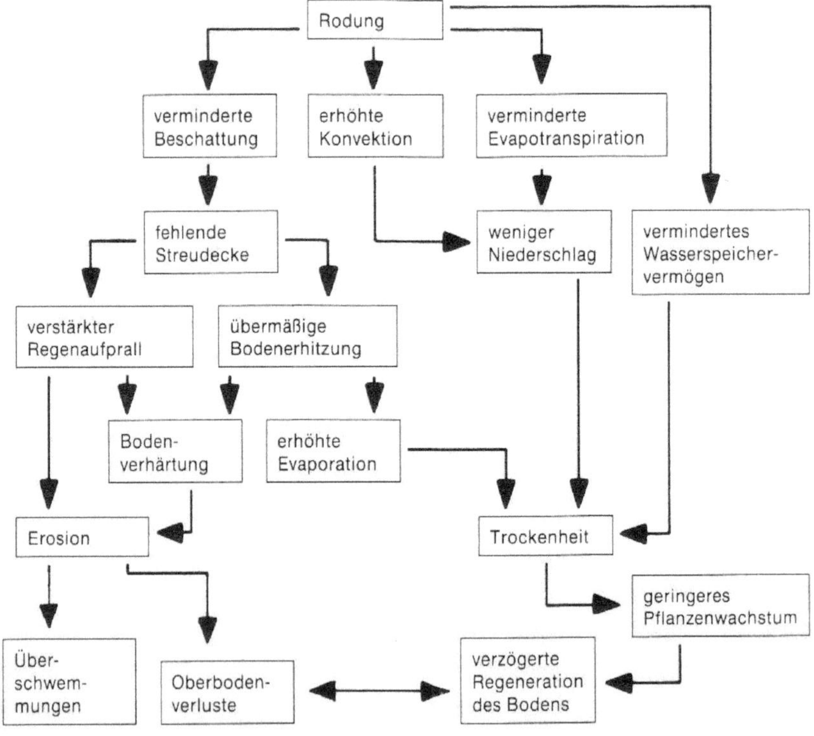

Abb. 4: Auswirkungen der Entwaldung auf den Boden (Quelle: REHM 1986, 126)

4.4 Auswirkungen auf die Vegetation

Die Vernichtung der biologischen Vielfalt ist ein weiteres, durch die forstliche
Nutzung des Regenwaldes entstehendes Problem. Die Schätzungen bezüglich der
auf der Welt vorhandenen Arten schwanken in der Literatur beträchtlich. Man findet
Angaben zwischen 10 und 100 Millionen Arten (WWF). Klar ist jedoch, dass ein sehr
hoher Prozentsatz wenn nicht der überwiegende Teil aller Tier – und Pflanzenarten
in den tropischen Regenwäldern beheimatet sind, obwohl die tropischen
Regenwälder nur 6 Prozent der Landoberfläche einnehmen.
Die untenstehende Grafik (Abb. 5) zeigt die Vielfalt der Baumarten besonders in den
Tropen.

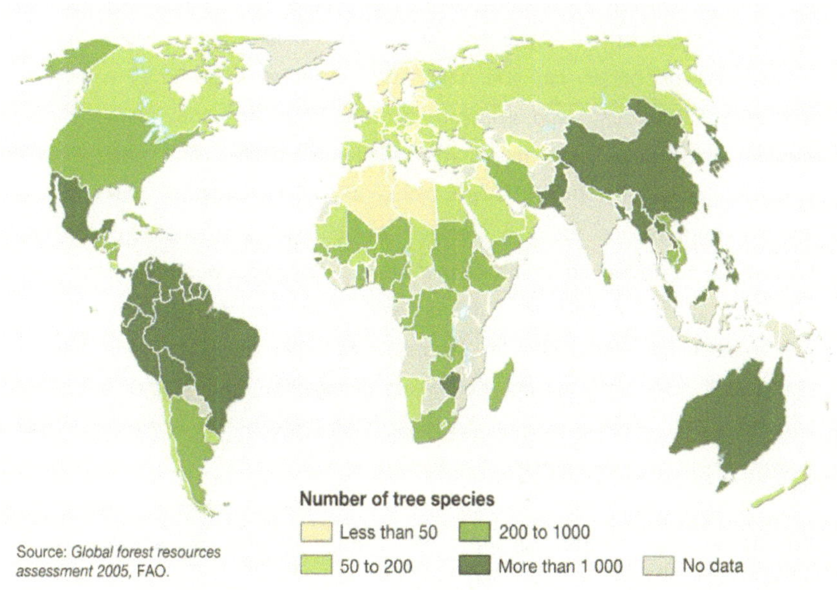

Abb. 5: Anzahl der vorkommenden Baumarten auf der Welt (Quelle: UNEP/GRID-ARRENDAL)

Manche Baumarten kommen nur in einem eng begrenzten Gebiet vor und sterben oft
nach der Abholzung dieses Gebietes aus, da sich bei der nachwachsenden
Sekundärvegetation nur lichtliebende Arten durchsetzen. Der Verlust bestimmter
Baumarten beeinträchtigt auch das Sterben der Aufsitzerpflanzen wie z.B. der
Orchideen, die mit ihrem Baumwirt in perfekter Symbiose leben. Da viele Arten
aufeinander angewiesen sind, entsteht so eine Kettenreaktion. Mit dem Artensterben

durch die Entwaldung geht auch der wichtigste genetische Ressourcenschatz für Landwirtschaft und Medizin verloren. Oft hört man die Formulierung, dass die Tropen die Apotheke der Menschheit sind. In der Tat haben die tropischen Pflanzen in der Vergangenheit immer mehr an Bedeutung in der Medizin gewonnen. Die Wurzeln des südasiatischen Strauches Rauwolfia liefern beispielsweise ein Mittel gegen Bluthochdruck und Schizophrenie.

4.5 Auswirkungen selektiver Nutzung auf die Vegetation

In gesonderter Form sollten die Auswirkungen selektiver Nutzung auf die Vegetation besprochen werden. Das eigentlich als nachhaltig eingestufte Holzentnahmeverfahren, birgt dennoch viele Risiken für Flora und Fauna.

Ein großes Problem dabei sind die großen Lücken im Kronendach, die durch selektive Holznutzung entstehen. Von den vielen über 1000 Arten im Amazonasraum, haben ca. 400 davon das Potential kommerziell verwertet zu werden. Lokal werden davon wiederum nur 150 Arten verwendet und nur 20 davon werden international gehandelt. Davon wiederum machen fünf Arten 90% des Exportvolumens aus (KUHLMANN 1990, 75). Das bedeutet, dass für eine angemessene Menge an dem wenigen wirtschaftlich interessanten Holz große Strecken in die Tiefen der artenreichen Wälder zurückgelegt werden müssen. Das ist mit einer großen Anzahl an Zufahrtswegen, Rückegassen, Verladeplätzen und Arbeitersiedlungen verbunden. Im Gegensatz zu früher, als die gefällten Bäume mit Muskelkraft oder Elefanten aus dem Wald gezogen wurden, gibt es heute große Maschinen mit enormer Stundenkapazität. Damit die hohen Kosten sich wieder auszahlen, müssen sie permanent im Einsatz sein.

Hinzu kommt, auch wenn die Zahlen in der Literatur variieren, dass mit der Entnahme eines großen Baumes, die Zerstörung von 17 weiteren Bäumen einhergeht und hohe Kronen- und Astschäden in unmittelbarer Nachbarschaft zu verzeichnen sind (KUHLMANN 1990, 75). Das liegt an der großen Anzahl von Schlingpflanzen mit denen die Bäume miteinander verbunden sind.

Die Zufahrtsstraßen bieten der Landbevölkerung einen optimalen Zugang in die bisher unerreichbaren Waldgebiete und die Möglichkeit Brandrodungsfeldbau zu betreiben. Das geöffnete Kronendach mit von der Sonne ausgetrockneter Vegetation bietet dazu die besten Voraussetzungen. Häufig greifen diese Brände auf den intakten Wald über und sind nicht mehr unter Kontrolle zu bringen. Auch Berufsjäger nutzen die Gelegenheit tief im Wald ihre Beute zu machen.

Auch wenn nach der Holzentnahme der Wald sich selbst überlassen wird, erholt sich die Vegetation nur mit großen Einbußen des Artenreichtums. Die großen entwaldeten Flächen begünstigen das Wachstum schnellwüchsiger und extrem lichthungriger Arten während bei kleineren Lücken eher langsamwüchsige und schattentolerante Arten wachsen. Auf den westlichen Inseln des malaysischen Archipels z.B., also Malaysia, Philippinen, Brunei und Westindien, treten viele lichthungrige und schnellwachsende Arten auf, wie die Familie der *Dipterocarpaceae*. Somit sind sie sehr regenerationsfreudig und mit ihrem hellen, weichen Holz wirtschaftlich sehr wertvoll. Besonders häufig werden sie für Furniere und Sperrholz verwendet.

Im Amazonas und auch in Westafrika treten die schattenliebenden Hölzer vermehrt auf, wie z.B. Arten aus der Familie der *Meliaceae*, dem westafrikanischen Mahagonis. Sie dürfen wegen der kleinen Lücken nur in geringem Umfang abgeholzt werden, was sehr oft missachtet wird. Danach wachsen nur lichthungrige Pflanzen wie z.B. *Cecropia* nach, die wirtschaftlich nicht genutzt werden können (BROWN, D. [u.a.] 1990, 182ff.).

Ein weiteres Problem der selektiven Holznutzung ist, dass Bäume der gleichen Art oft weit voneinander entfernt stehen und dieser Abstand sich durch Holzschlag noch weiter vergrößert. Für diözische Pflanzen, also für Pflanzen mit Geschlechtsverteilung ist dieser Abstand oft zu groß, als das er von den Bestäubertieren zurückgelegt werden kann. Auch wenn die männliche und die weibliche Pflanze noch erhalten sind, so wird es dadurch dennoch keine Nachfolgegeneration geben.

Wiederaufforstungen erweisen sich als schwierig, denn dann sind die Nährstoffe im Boden bereits unwiederbringlich ausgewaschen. Ein weiteres Problem ist die schwere Verfügbarkeit von Saatgut, da viele Samen nur eine geringe Lebensdauer haben. Um beim Grundgedanken des selektiven Holzeinschlages zu bleiben und das Artenreichtum zu erhalten, sollte folglich darauf geachtet werden, dass die Lücken, die dabei entstehen, angemessen sind. Rückwege und Zugangswege sowie die Richtung des fallenden Baums sollten sorgfältig geplant werden, denn dann können die Schäden stark reduziert werden (WHITMORE 199, 215).

4.6 Auswirkungen auf den Wald als Lebensraum

Ein großes Problem stellt die selektive Holznutzung auch für die Fauna dar. „Der Schwarzrücken-Ducker, der Jentink-Ducker, der Ogilby-Ducker, der Riesen-Ducker und der Zebra-Ducker sind an Primärwald gebunden und vertragen das Öffnen des Kronendaches nicht. Das Zwergflußpferd, das Riesenwaldschwein, das Hirschferkel und eine ganze Reiche von Insektenfressern, Nagetieren und Fledermäusen reagieren empfindlich auf die veränderte Waldstruktur." (MARTIN 1989, 125)

Da durch die Holznutzung vor allem die hohen Bäume entfernt werden, ist die Zahl der kronenbewohnenden Affenarten in den Tropen gesunken. Durch die selektive Entfernung der wirtschaftlich bedeutenden Holzarten, wird den Affenarten in den Baumkronen vielfach die Nahrungsgrundlage entzogen.

Eine weitere Auswirkung auf Affenarten wie z.B. Weißbart-Stummelaffen oder rote Stummenaffen ist, dass sie während dem Holzeinschlag in benachbarte, unberührte Gebiete flüchten und es dort vermehrt zu Revierkämpfen und Kämpfen um das Nahrungsangebot kommt. Auch für Waldelefanten, die große Streifgebiete benötigen, stellt die Dezimierung ihres Lebensraumes ein großes Problem dar.

Die Transportwege der Holzexploiteure ermöglichen es vor allem Berufsjägern, tief in den Wald einzudringen und die ohnehin schon um ihren natürlichen Lebensraum gebrachten Tiere in großer Zahl zu jagen. Hauptbeute dabei sind Gorillas, Schimpansen, Gelbrücken-Ducker, Goldschwanzaffen und Waldelefanten. Die Jäger treffen Absprachen mit den Fahrern der Holztransporter und transportieren so das Wildfleisch zu den Märkten (ARD-Sendung, Massaker an Menschenaffen). Abbildung 6 zeigt wie viele Tiere pro Quadratmeter Wald jährlich den Jägern durchschnittlich zum Opfer fallen.

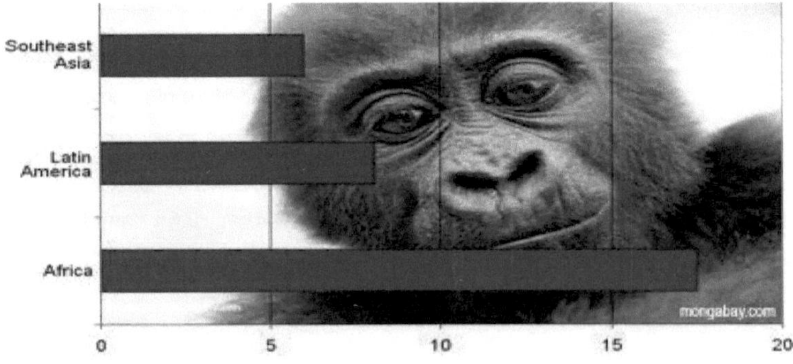

Abb. 6: Durchschnittlich im Jahr durch Jäger erlegte Tiere pro Quadratkilometer Wald
(Quelle: http://photos.mongabay.com)

Durch Zersplitterung der großen Primärwälder in einzelne räumlich getrennte Teilstücke, wird ein genetischer Austausch zwischen den isolierten Wildpopulationen verhindert. Es gibt zahlreiche Tierbestände, bei denen Tiere durch Nahrungsketten miteinander verflochten sind. Wird eine Tierart durch forstliche Nutzung vom Standort vertrieben, bedroht das womöglich auch viele andere in ihrer Existenz. Auch viele Pflanzen sind auf die Tiere bzw. deren Verbreitung der Samen angewiesen. Oft keimen Samen erst, wenn sie von Tieren vorverdaut oder angenagt werden. Werden bestimmte Tierarten verdrängt, wird dieser Kreislauf unterbrochen und es kommt zum Artenverlust. Gleiches gilt für Tierarten, die als Bestäuber fungieren.

Abbildung 7 zeigt die Anzahl der bereits ausgestorbenen Arten nach Ländern verteilt. Nach den USA folgen gleich die tropischen Länder.

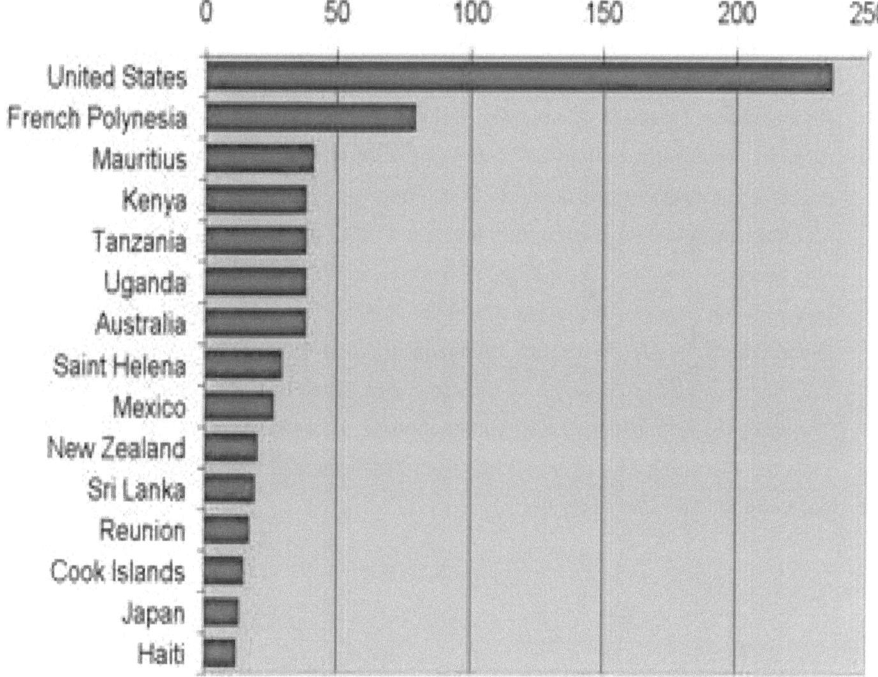

Abb. 7: Länder nach Anzahl bereits ausgestorbener Arten
(Quelle: http://photos.mongabay.com/)

Einige Tiere sind aber auch Nutznießer der entstehenden Sekundärvegetation in den tropischen Wäldern nach einer Entwaldung. Vögel, die sich normalerweise nur in den obersten Baumkronen aufhalten, finden in der jungen nachwachsenden Vegetation, günstige Lichtverhältnisse für die Futtersuche. Von den jungen Pflanzen, die noch wenig vom Gerbstoff Tannin enthalten, profitieren der Bongo, die größte Waldantilope, verschiedene Hörnchen und viele andere. Das Wandern dieser Tierarten zwischen Primär- und Sekundärwäldern erleichtert auch den Samentransport der Pflanzen. Ohne vorhandene geschlossene Waldgebiete könnten viele dieser Tierarten aber nicht mehr existieren (MARTIN 1989, 129).

4.7 Auswirkungen auf Wald als Kulturraum

Das Eindringen der modernen Zivilisation in die traditionell sehr dünn besiedelten Regenwälder führt stets zu einer mehr oder weniger starken Beeinträchtigung der Lebensbedingungen der Urbevölkerung bis hin zur Ausrottung. Ein großes Problem für die indigenen Waldvölker stellen die Krankheiten wie Masern, Tetanus, Keuchhusten, Diphterie, Meningitis, Gelbfieber und Turberkulose dar, die von den Straßen- und Waldarbeitern eingeschleppt wurden. Der indigenen Bevölkerung, die noch nie mit diesen Krankheiten in Berührung kamen, fehlten die Abwehrkräfte und so starben bereits ganze Stämme aus (SCHULZ 1990, 202). Diejenigen Ureinwohner, die überlebt haben, sind ihrer natürlichen Lebensgrundlage beraubt und verfallen oft dem Alkoholismus und der Prostitution.

Diese drastische Abkehr von der traditionellen Lebensweise führt schon nach kurzer Zeit zum Verlust des Wissens von Pflanzen und Tieren des Waldes.

Tropische Wälder bilden die Lebensgrundlage indigener Waldvölker. Abbildung 8 stellt die Abhängigkeit der Menschen vom Wald dar und macht deutlich wie wichtig der Wald für die Waldvölker ist.

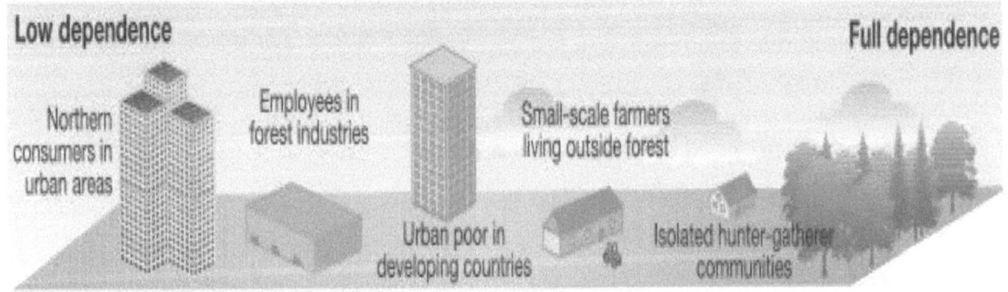

Abb. 8: Grad der Abhängigkeit vom Wald (Quelle: UNEP/GRID-ARRENDAL)

Nicht nur Medizinalpflanzen sind von großer Bedeutung für die Waldvölker und die arme Landbevölkerung in den tropischen Ländern, sondern auch Pflanzen und Tiere, die der Nahrungsversorgung dienen. Meistens findet das bei industrieller Inwertsetzung tropischer Regenwälder keine Berücksichtigung und für die Grundversorgung wichtige Flora- und Faunaarten werden verdrängt. Dabei kann die Nutzung der biologischen Ressourcen bei intakten traditionellen Strukturen sehr vielfältig und auch nachhaltig sein.

Wie bereits beschrieben hat die Entwaldung tief greifende Auswirkungen auf den Wasserhaushalt. Bauern in den tropischen Ländern, die auf die Wasserabgabe oder die Fischbestände der Flüsse der Regenwälder angewiesen sind, haben es zunehmend schwerer ihre Landflächen zu bewirtschaften und sehen sich dadurch oft gezwungen wegzuziehen.

4.8 Globale Auswirkungen

Global sind die Auswirkungen schwer abzuschätzen. Klar ist, dass in den Tropen die Gefahr einer Überausbeutung und somit Verknappung bzw. Zerstörung lebensnotwendiger Produktionsressourcen bereits besteht. Aufgrund der ausgelaugten Böden nach Brandrodungen und drastischer Wasserverknappung infolge forstlicher Nutzung findet immer häufiger Landflucht und dadurch auch die Slumbildung in den Städten statt. Sozialräumliche Disparitäten nehmen immer schneller zu.

Aussagen über die Auswirkungen auf das globale Klima zu treffen, können nur vage gemacht werden. Intakte Regenwälder tragen entscheidend zu einem stabilen Weltklima bei. Die Mengen darin gebundenen Kohlendioxids sind enorm groß. Im Falle des Verschwindens der Regenwälder könnte sich der veränderte lokale Wasserhaushalt auch auf die globale Niederschlagsverteilung auswirken. Die Regenwaldökosysteme sind gigantische Wasserspeicher und schützen weit über ihre Verbreitung hinaus vor Überschwemmung und Trockenheit. Außerdem könnte es zu einer globalen Erwärmung führen, da die schützenden Wolken über den Regenwäldern nicht mehr da wären.

Im Vergleich zu den Wäldern der gemäßigten Breiten sind die Regenerationsmöglichkeiten auf großflächig abgeholzten Arealen der tropischen Wälder erheblich eingeschränkt. Gründe dafür sind schon vielfach erwähnt worden. Das sind zum einen die schnelle Auswaschung der dünnen fruchtbaren Bodenschicht und damit das Absterben der wichtigen Pilze und stickstoffbindenden

Bakterien, das Aufkommen von lichthungrigen Pioniergehölzen, die die schattenliebenden Arten verdrängen und besondere Bedingungen, die zur Samenverbreitung notwendig sind.

Bei kleineren Flächen können sich die Wälder der Tropen jedoch gut erholen, so dass, sogar die Artenvielfalt zuerst zunimmt.

5. Lösungsansätze

Wenn es um die Erhaltung der tropischen Wälder geht, stellt sich immer die Frage nach kompletter Unterschutzstellung oder nachhaltiger Bewirtschaftung. Nachfolgend wird beides exemplarisch dargestellt.

In der Vergangenheit wurden bereits sehr viele Projekte zum Schutz der tropischen Regenwälder ins Leben gerufen, doch oft hatten sie nicht den erwünschten Erfolg gebracht.

5.1 Das FSC- Siegel

Die Abkürzung FSC steht für Forest Stewardship Council und ist eine in Folge des Umweltgipfels von Rio 1993 gegründete gemeinnützige Organisation zur Förderung verantwortungsvoller Waldwirtschaft.

Durch sogenannte FSC-Standards wird festgelegt, welche ökologischen und sozialen Minimumstandards bei der Bewirtschaftung von Wald eingehalten werden müssen. Die Einhaltung dieser Standards wird jährlich durch unabhängige Prüfer bei den Konzessionsinhabern überprüft. Nach bestandener Prüfung kann ein Eigentümer Holz mit dem FSC-Siegel kennzeichnen und entsprechend vermarkten. Am FSC-Siegel kann der Verbraucher nachhaltige und überprüfte Waldbewirtschaftung erkennen und z.B. FSC- geprüfte Gartenmöbel kaufen. (http://www.fsc-deutschland.de)

5.2 Naturschutzgebiete

Im Jahr 1971 startete die UNESCO (Organisation der Vereinten Nationen für Erziehung, Wissenschaft und Kultur) ihr Programm „Der Mensch und die Biosphäre" (MAB) zur Schaffung eines weltweiten Systems von Biosphären-Reservaten. Biosphärenreservate sind großflächige, repräsentative Ausschnitte von Natur- und Kulturlandschaften, die aufgrund reicher Naturausstattung und einer landschaftsverträglichen Landnutzung überregionale Bedeutung besitzen. In ihnen werden gemeinsam mit den hier lebenden und wirtschaftenden Menschen Konzepte zu Schutz, Pflege und Erhalt von Natur und Landschaft umgesetzt. Sie sind Modellregionen für nachhaltige Entwicklung. Im Jahr 2000 gab es bereits 391 Biosphärenreservate in 94 Ländern. Der Flächenanteil, der aufgrund von Unterschutzstellungen vom Holzeinschlag ausgenommen wurde, ist vergleichsweise gering. Im regionalen Vergleich ist der Schutzgebietsanteil in Asien am höchsten, am geringsten im tropischen Afrika (BROWN [u.a] 1990, 180/ Gesamtwaldbericht der Bundesregierung 2001).

5.3 Sekundäre Waldnutzung

„Die große Vielfalt in den tropischen Wäldern macht sie so anfällig gegen jede Art von Nutzung, die viel von nur wenigen Produkten braucht" (DE BEER 1990, 87). Diesen Prozess umzukehren und für die kommerzielle Nutzung das große Nutzungspotential Artenvielfalt wieder ins Bewusstsein zu rufen, wäre ein großer Schritt in Richtung Nachhaltigkeit.

Der kommerzielle Nutzwert der tropischen Wälder wird nur auf wenige Aspekte reduziert. Der größte davon ist die Holzgewinnung. Ganz außer Acht gelassen werden dabei die so genannten forstlichen Nebennutzungen. Nicht nur mit Holz, auch mit den sekundären Waldprodukten lässt sich Handel auf internationaler Ebene betreiben. Die Wälder der Tropen haben viel zu bieten, nicht nur das Holz. Beispiele dafür sind Sammelprodukte wie: Honig, Früchte, Nüsse, Wachs, Öle, Farbstoffe, Harze, Brennholz, Pilze, Rattan, Fisch und vor allem Medizinalpflanzen. Würde der enorme ökonomische Wert dieser Produkte mehr Beachtung finden, ließe sich der Export von Tropenhölzern drosseln und eine profitable nachhaltige Bewirtschaftung verwirklichen. Die indigenen Völker haben es vorgemacht, wie durch die sekundäre Waldnutzung über Jahrhunderte eine nachhaltige Waldbewirtschaftung aussehen kann. Durch diese Art der Waldbewirtschaftung könnte die indigene Bevölkerung in die Wertschöpfung eingebunden werden, ihr Lebensraum und der große Wissensfundus um die Geheimnisse der Waldpflanzen würde nicht zerstört werden. Eines der wenigen bisher erfolgreichen Nicht-Holz-Exporte ist Rattan, die Stämme von Kletterpalmen aus den Regenwäldern der asiatisch-pazifischen Region. Sie werden meist von Waldbewohnern gesammelt und an Händler verkauft (de BEER 1990).

5.4 Agroforstwirtschaft

Als weitgehend nachhaltige Bewirtschaftungsformen gelten die Systeme der Agroforstwirtschaft.

Sie haben alle gemeinsam, dass Nahrungskulturen zwischen Baumkulturen gepflanzt werden wie in Abbildung 9 dargestellt.

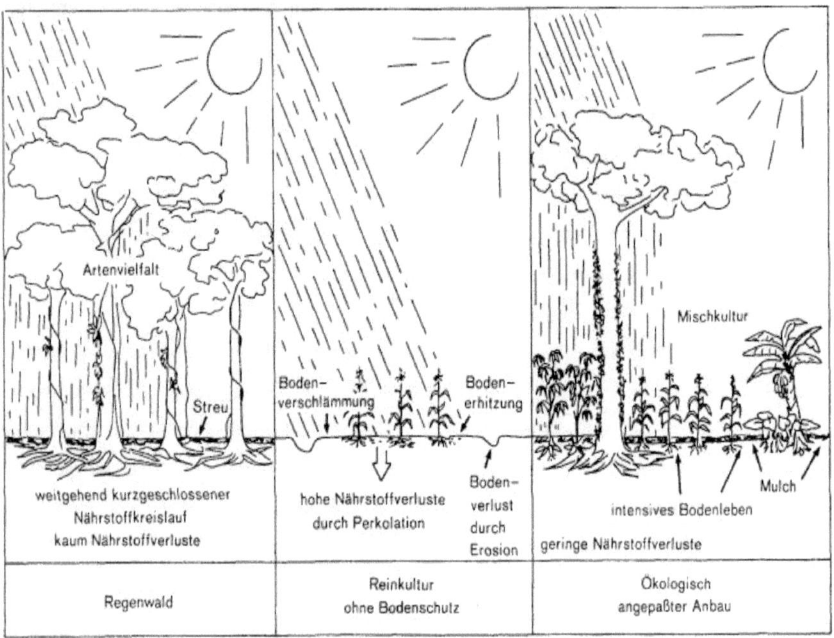

Abb. 9: Nutzung des Raumes der humiden Tropen. Links: Schematischer Aufbau des tropischen Regenwaldes mit weitgehend kurzgeschlossenem Nährstoffkreislauf. Mitte: Anbau von annuellen Kulturpflanzen (Mais) nach Rodung des Waldes ohne Schutz gegen Einstrahlung und Schlagregen. Rechts: Ökologisch angepasster Stockwerkanbau; Mischkultur-System mit Mulchwirtschaft. (Quelle: REHM 1986, 131)

Das lohnt sich dann, wenn die Bäume noch jung sind und wenig Schatten werfen. Ein Vorteil solcher Systeme ist, dass die Bäume als Nährstoffpume wirken. Nachteilig für die Bauern wirkt sich die eingeschränkte Verwendung von Dünger und Insektiziden aus. Da es sich um einen kombinierten land- und forstwirtschaftlichen Anbau handelt, wird dieses Umwandlungssystem auch als Agroforstwirtschaft bezeichnet.

Erwähnenswert ist das Taungya-System, welches für die Forstwirtschaft mit das günstigste System ist. Hier werden die SHAG-Bauern miteinbezogen, indem sie aufgefordert werden zwischen ihren üblichen Bergreis- und Baumwollkulturen Teakhölzer einzusäen. Sobald die Bauern weiterziehen, geht der Teakbestand in die Forstwirtschaft über. Dabei werden die Bauern für besonders gelungene Teaksaaten belohnt. Waren sie vertragstreu, bekommen sie neue Parzellen zugewiesen. Dieses System sichert landlosen Bauern oft die Existenz. Doch genau das ist auch ein häufiger Kritikpunkt, nämlich dass dieses System auf dem niedrigem Lebensstandard der Bauern aufbaut. Kritisiert wird auch, dass dieses System eine Teak-Monokultur hervorbringt und alle Monokulturen grundsätzlich anfälliger für Schädlinge sind.

Ein gewichtiger Vorteil allerdings ist, dass von den Bauern nicht wie beim üblichen Wanderfeldbau vergraste und wertlose Flächen zurückgelassen werden, sondern wertvolle   Jungbestände, die auch eine Bodenschutzfunktion übernehmen.

6. Fazit

Ziel dieser Arbeit ist es, die komplexen Auswirkungen von forstlicher Nutzung im Ökosystem Regenwald darzustellen. Aufgrund der Komplexität dieser Auswirkungen und auch der Wechselwirkungen untereinander wurde eine Auswahl an Auswirkungen getroffen.

Waldzerstörung ist das Resultat komplexer Interaktionen zwischen kulturellen und kommerziellen Faktoren, die zu einem unkontrollierbaren Zerstörungsprozess führen. Werden die Wälder der Tropen im gleichen Tempo wie bisher abgeholzt, so können womöglich viele bisher unentdeckte Heilpflanzen nicht mehr zum Einsatz kommen und viele Menschen nicht mehr in den Genuss von Nutzpflanzen wie Reis, Früchte usw. kommen und gar ihres Lebensraumes beraubt werden. Außerdem würden bis jetzt noch nicht vollständig erforschte Klimaänderungen auf uns zukommen, denn die Regenwälder sind sehr große Wasser- und Kohlendioxidspeicher. Aus diesem Grund ist es wichtig, sowohl Naturschutzgebiete einzurichten als auch angepasste Waldbausysteme zur Sicherung der Waldbestände und auch der Holzproduktion anzuwenden, die der dynamischen Regeneration der Wälder gerecht werden.

Die Vielzahl der lokalen und globalen Folgen der forstlichen Nutzung sollten nicht nur die Verantwortlichen vor Ort, sondern alle Menschen zum nachhaltigen Handeln und Leben bewegen.

Literaturverzeichnis

ARA (Hrsg.) 1990: "Naturerbe" Regenwald: Strategien und Visionen zum Schutz der tropischen Regenwälder. Giessen

BAADEN, J. 1994: Entwaldung in den Tropen und ihre Folgen für Klima, Boden und Lebewesen. Marburg.

BREMER, H. 1999: Die Tropen. Geographische Synthese einer fremden Welt im Umbruch. Berlin/Stuttgart.

BROWN, D. [u.a.] 1990: Die letzten Regenwälder. 2. Auflage. Gütersloh.

BUNDESMINISTERIUM FÜR VERBRAUCHERSCHUTZ, ERNÄHRUNG UND LANDWIRTSCHAFT (Hrsg.) 2001: Gesamtwaldbericht der Bundesregierung.

DE BEER, J. 1990: Sekundäre Waldprodukte: Der wahre Reichtum der Tropen. In: ARA (Hrsg.): "Naturerbe" Regenwald: Strategien und Visionen zum Schutz der tropischen Regenwälder. Giessen.

GOLDAMMER, J.G. 1990: Waldumwandlung und Waldverbrennung in den Tiefland-Regenwäldern des Amazonasbeckens: Ursachen und ökologische Implikationen. In: Hoppe, A. (Hrsg.): Amazonien: Versuch einer interdisziplinären Annäherung. Freiburg im Breisgau.

KUHLMANN, W. 1990: Den Wald vor lauter Holz nicht sehen. In: ARA (Hrsg.): "Naturerbe" Regenwald: Strategien und Visionen zum Schutz der tropischen Regenwälder. Giessen

KOHLHEPP, G. 1987: Tropische Naturräume und ihre Nutzung durch den Menschen. In: Engels, W. 1987: Die Tropen als Lebensraum. Tübingen. S. 7-36.

LAMPRECHT, H. 1986: Waldbau in den Tropen. Berlin.

MANSHARD, W. 1995: Umwelt und Entwicklung in den Tropen. Naturpotential und Landnutzung. Darmstadt.

MARTIN, C. 1989: Die Regenwälder Westafrikas: Ökologie –Bedrohung –Schutz. Basel/Boston/Berlin.

Waldarbeitsschulen der Bundesrepublik Deutschland (Hrsg.) 1996: Der Forstwirt. Stuttgart.

OBERNDÖRFER, D. 1990: Schutz der tropischen Regenwälder (Feuchtwälder) durch ökonomische Kompensation. In: Hoppe, A. (Hrsg.): Amazonien: Versuch einer interdisziplinären Annäherung. Freiburg im Breisgau.

REHM, S. (Hrsg.) 1986: Grundlagen des Pflanzenbaus in den Tropen und Subtropen. Stuttgart.

SCHOLZ, U. 1998: Die feuchten Tropen. Braunschweig.

SCHULZ, G. 1990: Die indianischen Völker Brasiliens: Hindernisse auf dem Weg zur Erschließung Amazoniens? In: Hoppe, A. (Hrsg.): Amazonien: Versuch einer interdisziplinären Annäherung. Freiburg im Breisgau.

WEISCHET, W. 1990: Das Klima Amazoniens und seine geoökologischen Konsequenzen. In: Hoppe, A. (Hrsg.): Amazonien: Versuch einer interdisziplinären Annäherung. Freiburg im Breisgau.

WHITMORE, T.C. 1990: An introduction to Tropical Rain Forests. New York

Literatur aus dem World Wide Web:

ENTWICKLUNGSLÄNDERSTUDIEN: http://www.payer.de/cifor/cif03.htm

UNEP/GRID-ARRENDAL (Hrsg.) (2009): Vital forest graphics. Stopping the Downswing?.: http://www.fao.org/forestry/home/en/

INFORMATIONSSENDUNG DES ARD PANORAMA: Massaker an Menschenaffen - Deutsche Holzimporteure zerstören ihren Lebensraum im Regenwald: http://daserste.ndr.de/panorama/media/massaker6.html

WWF: http://www.wwf.de/themen/artenschutz/fragen-und-antworten/#c15490

http://photos.mongabay.com/07/0307iucn_ex-c.jpg

HAMBURGER BILDUNSSERVER:
http://lbs.hh.schule.de/welcome.phtml?unten=/klima/klimawandel/bodenbedeckung/bodenbedeckung.html

FSC- DEUTSCHLAND: http://www.fsc-deutschland.de/infocenter/ininfo.htm

BEI GRIN MACHT SICH IHR WISSEN BEZAHLT

- Wir veröffentlichen Ihre Hausarbeit,
  Bachelor- und Masterarbeit

- Ihr eigenes eBook und Buch -
  weltweit in allen wichtigen Shops

- Verdienen Sie an jedem Verkauf

Jetzt bei www.GRIN.com hochladen
und kostenlos publizieren